NOUVELLE MÉTHODE D'OPÉRATION

DES

TUMEURS BLANCHES

OU ABRASION INTRA-ARTICULAIRE

OU ENCORE ARTHROXÉSIS (ἄρθρον, ξέω)

PAR

M. LÉTIÉVANT

Chirurgien en chef de l'Hôtel-Dieu de Lyon,
Professeur à la Faculté de médecine.

(Communication faite à la Société des Sciences médicales)

LYON

ASSOCIATION TYPOGRAPHIQUE

RIOTOR, RUE DE LA BARRE, 12

1879

NOUVELLE MÉTHODE D'OPÉRATION

DES

TUMEURS BLANCHES

NOUVELLE MÉTHODE D'OPÉRATION

DES

TUMEURS BLANCHES

OU ABRASION INTRA-ARTICULAIRE

OU ENCORE ARTHROXÉSIS (αρθρον, ξεω)

PAR

M. LÉTIÉVANT

Chirurgien en chef de l'Hôtel-Dieu de Lyon,
Professeur à la Faculté de médecine.

———

(Communication faite à la Société des Sciences médicales)

LYON

ASSOCIATION TYPOGRAPHIQUE

RIOTOR, RUE DE LA BARRE, 12.

—

1879

NOUVELLE MÉTHODE D'OPÉRATION

DES

TUMEURS BLANCHES

OU ABRASION INTRA-ARTICULAIRE

I.

J'ai été conduit à pratiquer ma nouvelle méthode d'opération des tumeurs fongueuses *intra-articulaires* (tumeurs blanches communes), à la suite de diverses opérations sur des tumeurs fongueuses *extra-articulaires*.

Ces dernières, développées en dehors des articulations, touchent souvent à la surface externe de la capsule articulaire et y sont accumulées en masses quelquefois multiples.

J'ai pratiqué l'ablation de plusieurs de ces tumeurs, soit au dos du carpe, soit sous le tendon d'Achille, soit sur la dépression calcanéo-cuboïdienne par la méthode du râclage.

La râclette, d'une direction très-précise, m'a permis de découvrir le mal, de le circonscrire et de n'enlever que lui.

Les désordres peu considérables causés par ce mode d'opération ont rendu la guérison facile et prompte. A la suite de ces résultats heureux la récidive ne s'est pas produite.

La bénignité du râclage extra-articulaire m'a engagé à

faire l'abrasion des fongosités *intra-articulaires* de certaines tumeurs blanches.

Les tumeurs blanches communes ou synovites fongueuses (je ne parle ici que de celles-là) débutent généralement par des fongosités formées à la surface interne de la synoviale. Ces fongosités se développent, distendent, puis perforent la capsule articulaire et vont s'accumuler en un ou plusieurs points au-dessous de l'aponévrose et de la peau.

Ces fongosités constituent à elles seules la lésion morbide dans la synovite fongueuse. L'os, dans ces cas, n'est altéré que par leur présence : cette altération, légère d'ailleurs, est seulement à sa surface. L'os est alors comme érodé par place. Le cartilage d'encroûtement, atteint quelquefois sur les bords, s'y détache par parcelles fines ; ou bien ces bords ont disparu par altération velvétique ; quelquefois le cartilage a complètement disparu.

L'extrémité osseuse érodée n'a aucune lésion dans son épaisseur, ni abcès, ni fongosité intérieure, ni séquestre. Le mal, c'est la fongosité. Les altérations de l'os ou des autres tissus ne sont que des lésions accessoires et symptomatiques.

Il me paraît inutile, *dans ces cas*, de sacrifier une masse osseuse parce qu'elle est entourée d'un fongus qui a légèrement altéré sa surface. Il se trouverait même, en un ou deux points, ce que je n'ai pas observé, des fongosités profondes, il faudrait évider, sans pour cela amputer ou réséquer. *Enlever le mal, rien que le mal. Respecter ce qui est sain, tout ce qui est sain.*

En agissant ainsi on doit obtenir :

1° Une *économie* pour l'organisme dans le travail de réparation.

2° Une *adaptation exacte* des surfaces articulaires laissées dans leurs rapports normaux.

3° La *conservation* plus complète des *capsules articulaires* ligamenteuses qui seront à peine intéressées.

4° Une *précision dans les mouvements* que les méthodes en usage ne donnent pas habituellement.

Ce dernier point, bien important, me paraît devoir imposer la méthode dans les synovites fongueuses du coude par exemple : la résection, dans ces cas, paraissant délaissée par quelques chirurgiens, en raison de la mobilité exagérée et folle du membre qui en est assez souvent la conséquence et qui laisse un membre inutile et embarrassant.

Pour toutes ces raisons, et autorisé par les essais heureux sur les fongus extra-articulaires, j'appliquai l'abrasion pour une tumeur blanche, volumineuse du coude, au mois d'avril dernier (1879).

II

OBSERVATIONS.

§ 1. — Marcellin Bador, âgé de 15 ans, portait au coude droit une volumineuse tumeur blanche fongueuse, datant de trois ans, douloureuse, ramollie, sur le point de s'ouvrir.

On avait proposé l'amputation du bras, puis la résection de la jointure.

Opération. — Le 29 avril 1879, le malade est anesthésié, son membre supérieur exsanguifié suivant les préceptes d'Esmarch.

Premier temps : Je fis à la surface externe de la région du coude une incision longue de 10 centimètres. Elle commençait au bord externe de l'aponévrose inter-musculaire externe, au bras, descendait sur la région latérale du coude, puis se recourbait un peu en arrière pour se terminer sur le bord externe du cubitus : cette direction dans le but d'éviter le nerf radial et de le laisser dans la lèvre antérieure de la plaie.

L'incision, n'intéressant d'abord que la peau et l'aponévrose, mit à découvert deux foyers de fongosités gros comme des œufs de pigeons, que j'enlevais avec les râclettes à cet usage. L'abrasion de ces fongosités, ainsi que le nettoiement complet des cavités celluleuses qui les logent, s'opèrent avec facilité.

Ces premières masses fongueuses communiquaient par deux ou trois petits prolongements à travers la capsule articulaire avec celles qui étaient contenues dans la cavité articulaire.

Je fis à ce niveau sur la capsule fibreuse une incision verticale de trois centimètres, réunissant les perforations, et, par cette fente, j'enlevais les masses fongueuses accumulées vers la petite tête du radius.

Elles étaient nombreuses à la face interne du ligament annulaire distendu, au pourtour de la cupule et du col du radius, au devant et en arrière de la facette sigmoïdale du cubitus. Il fallut une attention patiente pour faire, à ce niveau, une abrasion complète.

Le cartilage était détruit sur le bourrelet radial et les bords de la capsule, intact sur le centre de la cupule et sur la facette sigmoïdale. L'os était érodé au col et au bourrelet radial ; je n'enlevais que les poussières cartilagineuses et osseuses qui cédèrent à un léger frottement.

Par la même fente, je fis encore la toilette du condyle huméral dont le cartilage était détruit ; puis *j'abrasais* les végétations accumulées dans la région olécrânienne externe d'abord, coroïdienne externe ensuite. Le bord externe de l'olécrâne n'était pas altéré ; la crête qui borde la poulie en dehors était dénudée de son cartilage ; mais le cartilage de la gorge de la poulie était intact.

Pour apprécier ces caractères et compléter la toilette articulaire de la région externe, je dus écarter les surfaces osseuses, les dévier et faire ainsi une luxation de quelques instants.

Deuxième temps : Incision de la peau à la région interne de l'article, partant du niveau de l'aponévrose inter-musculaire interne, au bras, laissant en arrière le nerf cubital, se continuant dans une direction rectiligne en dedans de la gouttière du nerf cubital et se terminant en s'inclinant légèrement en avant dans le but de respecter le nerf cubital laissé ainsi tout le long en arrière.

Cette incision, motivée dans ce cas par les saillies fongueuses, doit être, dans d'autres cas, faite plus en arrière, de manière à laisser le nerf cubital en avant dans toute sa longueur.

Je fis alors, comme pour la région externe, le râclage de la région olécrânienne interne, et à ce moment avec la râclette, au-dessous du tendon du triceps, un passage pour introduire le doigt indicateur. Je communiquais ainsi avec la région externe de l'articulation.

Les fongosités de la région interne de l'interligne, celles de la région interne de l'apophyse coronoïde furent à leur tour enlevées. Je soulevais en avant le tendon du brachial antérieur, et à ce niveau encore je mis en communication la plaie interne avec la plaie externe.

L'opération avait duré plus d'une heure.

J'inspectais alors minutieusement toutes les parties de la cavité articulaire, m'assurant de la netteté de la surface interne de la capsule ; je m'assurais aussi du nettoiement complet de toutes les saillies et dépressions osseuses et cartilagineuses articulaires, et de l'absence de tout prolongement intra-osseux.

Deux *drains de crins* furent placés dans les trajets sus-olécrânien et sous-coronoïdien pour favoriser l'écoulement des liquides.

Pansement anti-hémorrhagique et *phéniqué*.

Immobilisation du membre en gouttière.

Il n'y eut aucune complication, ni fièvre, ni douleurs vives. Le malade conserva son appétit, il se leva la deuxième semaine, la troisième il sortit au jardin.

L'exsudat séro-purulent versé par la plaie fut assez abondant plus d'un mois, puis diminua progressivement.

Un mois et demi après l'opération, il ne restait plus de crins dans la plaie ; deux mois plus tard la cicatrisation était complète. Le malade depuis déjà plusieurs semaines s'exerçait aux divers mouvements de l'avant bras.

Ces mouvements s'accomplissent aujourd'hui avec précision ; ils existent dans la moitié de leur étendue pour la flexion et l'extension. La pronation et la supination s'accomplissent : le doigt reconnaît facilement pendant ces mouvements la tête radiale roulant dans sa situation normale. Le doigt reconnaît aussi l'épicondyle, l'épitrochlée, la poulie humérale, l'olécrâne, en un mot toutes les saillies osseuses comme toutes les dépressions qui existent à l'état normal.

Ce coude a sa conformation parfaite et la précision la plus grande dans ses mouvements. Les flexions latérales n'y existent nullement. C'est un retour à l'état normal comme disposition, et avec le temps la motilité deviendra complète.

§ 2. — Encouragé par ce résultat, j'ai entrepris la même opération sur une jeune fille de 19 ans. Augustine B... portait une tumeur blanche du coude dans des conditions analogues à celles de Bador. L'arthrite remontait à six ans. On avait proposé une résection.

Les masses fongueuses intra-articulaires occupaient surtout les régions radio-humérale, olécrânienne et coronoïdienne.

Une masse du volume d'un œuf siégeait à la partie interne du bras, à cinq centimètres au-dessus de l'épitrochlée : elle était ramollie, fluctuante. Elle communiquait par deux petits filons fongueux, longs de deux à trois centimètres et divergents. L'un se terminait dans la masse fongueuse huméroradiale, l'autre dans la masse olécrânienne interne.

Je pratiquais l'abrasion comme précédemment.

Par cette seconde étude, je pus m'assurer que l'on pouvait poursuivre les fongosités dans leurs derniers retranchements et qu'aucune d'elles ne pouvait échapper à cette poursuite; que par cette méthode donc on pouvait non-seulement n'enlever que le mal, mais encore enlever *tout* le mal.

Opérée le 17 juillet, cette malade est aujourd'hui en très-bonne voie de guérison.

§ 3. — J'ai opéré une troisième malade, Françoise C..., âgée de 33 ans, le 29 octobre 1879. Elle avait une tumeur fongueuse du coude remontant à six mois. La tuméfaction avait été rapide.

Deux *très-larges* ulcères fistuleux existaient à la région interne et externe de l'articulation avec décollement cutané. La sonde conduisait dans la cavité articulaire érodée, rugueuse. En avant de l'articulation, sous les parties molles de la région antéro-supérieure de l'avant-bras, était une large poche pleine de fongosités désagrégées et flottant dans un pus épais, grumeleux.

Je fis l'abrasion intra-articulaire par ma méthode. Toutes les fongosités furent poursuivies et enlevées.

Les surfaces articulaires osseuses étaient ici complètement dépouillées de leurs cartilages d'encroûtement. Le nettoiement fut complet.

La luxation temporaire des trois os fut réduite, des drains passés, des lavages phéniqués pratiqués. Les jours suivants, la malade cessait de souffrir, avait un pouls naturel, une température de 37 degrés 1/2, de l'appétit, du sommeil et des plaies vermeilles.

C'était là pourtant une tumeur blanche à rapide développement, arrivée à cette troisième période de désagrégation fongueuse, de destruction de tous les cartilages, de purulence, d'affaiblissement général voisin d'une terminaison fâcheuse.

La malade aujourd'hui est dans d'excellentes conditions de guérison.

§ 4. — Le 6 novembre 1879, j'ai opéré une quatrième malade, Marie M..., âgée de 16 ans, atteinte de tumeur blanche fongueuse, ouverte à l'extérieur par une large fistule qui conduisait le stylet dans une cavité rugueuse. Mêmes conditions que chez ma troisième opérée. Même opération complète. Mêmes résultats immédiats heureux.

§ 5. — Je puis joindre à ces quatre faits celui d'une jeune fille, Gabrielle N..., âgée de 15 ans 1/2, que nous avons opérée de la même manière, M. Daniel Mollière et moi, le 8 novembre 1879.

Cette malade était entrée dans le service de mon collègue et ami M. D. Mollière. Il me pria de faire avec lui cette opération qu'il n'avait pas encore pratiquée.

Il constata que tous les temps de l'opération étaient précis, et que l'abrasion intra–articulaire pouvait être complètement obtenue.

III

Ces cinq faits qui seront publiés avec détails et où la méthode *nouvelle* a été substituée à une opération plus grave me permettent de conclure :

1° Que l'abrasion totale des fongosités d'une articulation est possible ;

2° Que celle du coude, dont je viens de présenter cinq faits, est d'une grande innocuité dans ses suites immédiates ;

3° Que relativement la réparation consécutive à ce mode opératoire s'effectue avec rapidité ;

4° Dans ses résultats éloignés, cette méthode conserve la précision des mouvements et évite pour le coude la flexion latérale et l'inertie par mobilité exagérée.

Le coude de Bador est des plus démonstratifs sur ce point.

5° Cette méthode agrandit le champ des études anatomo-pathologiques sur les désordres intra et extra-articulaires causés par les fongosités.

Ces cinq faits, dont plusieurs sont encore récents, tous heureux, me paraissent devoir encourager à l'emploi de cette méthode nouvelle, que je présente comme réalisant un progrès dans la chirurgie conservatrice.